또바기와 모도리의
야무진 수학

머리말

　수학을 재미있어 하는 아이들은 그리 많지 않다. '수포자(數抛者)'라는 새말이 생길 정도로 아이들과 학부모들에게 걱정 1순위의 과목이 수학이다. 언제, 어떻게 시작을 해야 하는지 고민만 할 뿐 답을 찾지 못한다. 그러다 보니 대부분 취학 전 아이들은 숫자 이해 학습, 덧셈 · 뺄셈과 같은 단순 연산 반복 학습, 도형 색칠하기 등으로 이루어진 교재로 수학을 처음 접하게 된다.

　수학 공부의 기본 과정은 수학적 개념을 익힌 후, 이를 다양한 문제 상황에 적용하여 수학적 원리를 깨치는 것이다. 아이들을 대상으로 하는 수학 교재들은 대부분 수학의 하위 영역에서 수학적 개념을 튼튼히 쌓게 하는 것보다 반복되는 문제 풀이를 통해 수의 연산 원리를 익히는 것에 초점을 맞추고 있다. 수학의 여러 영역에서 고차적인 수학적 사고력을 높이고 수학 실력을 향상시키기 위해서는 수학을 처음 접하는 시기부터 수학의 여러 하위 영역의 기본 개념을 확실히 짚어 주는 체계적인 수학 공부의 과정이 필요하다.

　『또바기와 모도리의 야무진 수학(또모야-수학)』은 초등학교 1학년 수학의 기초적인 개념과 원리를 바탕으로 6~8세 아이들이 알아야 할 필수적인 수학 개념과 초등 수학 공부에 필수적인 학습 요소를 고려하여 모두 100개의 주제를 선정하여 10권으로 체계화하였다. 각 소단원은 '알아볼까요?-한걸음, 두걸음-실력이 쑥쑥-재미가 솔솔'의 단계로 나뉘어 심화 · 발전 학습이 이루어지도록 구성하였다. 개념 학습이 이루어진 후, 3단계로 심화 · 발전되는 체계적인 적용 과정을 통해 자연스럽게 수학적 원리를 익힐 수 있도록 하였다. 아이들이 부모님과 함께 산꼭대기에 오르면 산 아래로 펼쳐진 아름다운 경치와 시원함을 맛볼 수 있듯이, 이 책을 통해 그러한 기분을 경험할 수 있을 것이다. 부모님이나 선생님과 함께 한 단계씩 공부해 가면 초등 수학의 기초적인 개념과 원리를 튼튼히 쌓아 갈 수 있게 된다.

　『또모야-수학』은 수학을 처음 접하는 아이들도 쉽고 재미있게 공부할 수 있도록 구성하고자 했다. 첫째, 소단원 100개의 각 단계는 아이들에게 친근하고 밀접한 장면과 대상을 소재로 활용하였다. 마트, 어린이집, 놀이동산 등 아이들이 실생활에서 경험할 수 있는 다양한 장면과 상황 속에서 수학 공부를 할 수 있도록 구성하였다. 참신하고 기발한 수학적 경험을 통해 수학의 필요성과 유용성을 이해하고 수학 학습의 즐거움을 느낄 수 있도록 하

였다. 둘째, 아이들의 수준을 고려한 최적의 난이도
와 적정 학습량을 10권으로 나누어 구성하였다. 힘
들고 지루하지 않은 기간 내에 한 권씩 마무리해 가는
과정에서 성취감을 맛볼 수 있으며, 한글을 익히지 못한 아이
도 부모님의 도움을 받아 가정에서 쉽게 학습할 수 있다. 셋째, 스토리텔링(story-
telling) 기법을 도입하여 그림책을 읽는 기분으로 공부할 수 있도록 이야기, 그림, 디자인
을 활용하였다. '모도리'와 '또바기', '새로미'라는 등장인물과 함께 아이들은 문제 해결 과
정에 오랜 시간 흥미를 가지고 집중할 수 있다.

수학적 사고력과 수학 실력을 바탕으로 하지 않으면 기본 생활은 물론이고 직업 세계에
서 좋은 성과를 얻기 어렵다는 것은 강조할 필요가 없다. 『또모야─수학』으로 공부하면서
생활 주변의 현상을 수학적으로 관찰하고 표현하며 즐겁게 문제를 해결하는 경험을 하기
바란다. 그리고 4차 산업혁명 시대의 창의적 역량을 갖춘 융합 인재가 갖추어야 할 수학적
사고력을 길러 나가길 바란다.

2021년 6월
기획 및 저자 일동

저자 약력

기획 및 감수 **이병규**
현 서울교육대학교 국어교육과 교수
문화체육관광부 국어정책과 학예연구관
문화체육관광부 국립국어원 학예연구사
서울교육대학교 국어교육과 졸업
연세대학교 대학원 문학 석사, 문학 박사
2009 개정 국어과 초등학교 국어 기획 집필위원
2015 개정 교육과정 심의회 국어 소위원회 부위원장
야무진 한글 기획 및 발간
야무진 어휘 공부 기획
근간 국어 문법 교육론(2019) 외 다수의 논저

저자 **송준언**
현 세종나래초등학교 교사
서울교육대학교 컴퓨터교육과 졸업
서울교육대학교 교육대학원 초등수학교육학과 졸업

저자 **김지환**
현 서울북가좌초등학교 교사
서울교육대학교 수학교육과 졸업
서울교육대학교 교육대학원 초등수학교육학과 졸업

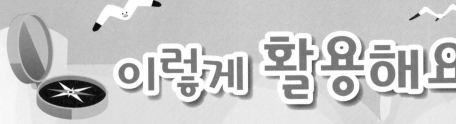

이렇게 활용해요

 알아볼까요?　　　　　　 한걸음 두걸음

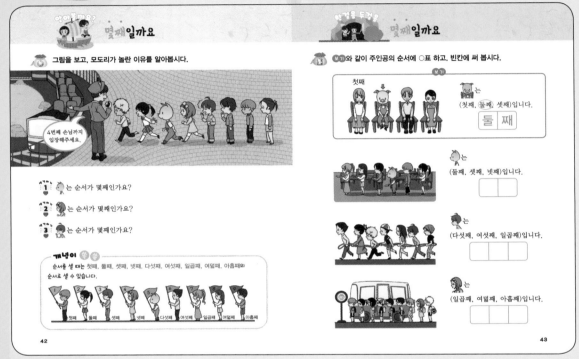

생활에서 접할 수 있는 다양한 수학적 상황을
그림으로 재미있게 표현하여 학습 주제를 보여 줍니다.

학습 주제를 알고 공부하는 처음 단계로
수학 공부의 재미를 느끼게 합니다.

학습도우미

학습 주제를 간단한
문제로 나타냅니다.

 개념이 쏙쏙

핵심 개념을 쉽고
간단하게 설명합니다.

붙임딱지 ❶ 활용

다양한 붙임딱지로
흥미롭게 학습할 수 있습니다.

 두 수의 크기를 비교해 봅시다    두 수의 크기를 비교해 봅시다

 수를 세어 빈칸에 알맞은 수를 쓰고, 두 수의 크기를 비교해 봅시다.

 꽃의 수가 더 많은 쪽을 따라가면서 친구들을 찾아봅시다.

❶ 🐿️는 🐦 보다 (많습니다 . 적습니다).

❷ 5는 ☐ 보다 (큽니다 . 작습니다).

❸ 🐰는 🟫 보다 (많습니다 . 적습니다).

❹ ☐은 9보다 (큽니다 . 작습니다).

62

63

앞에서 배운 기초를 바탕으로 응용 문제를
공부하고 수학 실력을 다집니다.

퍼즐, 미로 찾기, 붙임딱지 등의 다양한
활동으로 수학 공부를 마무리합니다.

등장 인물

또바기
'언제나 한결같이'를
뜻하는 우리말
이름을 가진 귀여운
돼지 친구입니다.

모도리
'빈틈없이 아주 야무진
사람'을 뜻하는
우리말 이름을 가진
아이입니다.

새로미
새로운 것에 호기심이
많고 쾌활하며
당차고 씩씩한
아이입니다.

차례

1 선 긋기

곧은 선을 그어 봅시다　　　　　　　　　10

굽은 선을 그어 봅시다　　　　　　　　　14

2 9까지의 수

1, 2, 3을 알아봅시다　　　　　　　　　20

4, 5, 6을 알아봅시다　　　　　　　　　26

7, 8, 9를 알아봅시다　　　　　　　　　32

1부터 9까지의 수를 알아봅시다　　　　　38

몇째일까요　　　　　　　　　　　　　　42

수의 순서를 알아봅시다   46

1만큼 더 큰 수, 1만큼 더 작은 수를
알아봅시다   52

두 수의 크기를 비교해 봅시다   58

부록

상장   64

정답   65

붙임딱지

1단계

1. 선 긋기

곧은 선을 그어 봅시다

 놀이기구를 탈 수 있도록 점선을 따라 그어 봅시다.

1 점선을 따라 그은 선은 어떤 모양인가요?

2 점선을 따라 그은 선과 같은 모양을 주변에서 찾아보세요.

—— , | 과 같이 꾸불꾸불하지 않고 곧고 똑바른 선을 **직선**이라고 합니다.

곧은 선을 그어 봅시다

 점선을 따라 그어 봅시다.

①

②

③

④

곧은 선을 그어 봅시다

 점선을 따라 직선을 그어 여러 가지 모양을 만들어 봅시다.

곧은 선을 그어 봅시다

 또바기와 모도리가 놀이동산을 한 바퀴 돌아올 수 있도록 곧은 선을 그어 봅시다.

출발

도착 →

13

굽은 선을 그어 봅시다

 놀이기구를 탈 수 있도록 점선을 따라 그어 봅시다.

1 점선을 따라 그은 선은 어떤 모양인가요?

2 점선을 따라 그은 선과 같은 모양을 주변에서 찾아보세요.

개념이 쑥쑥

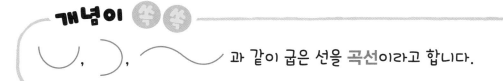

과 같이 굽은 선을 **곡선**이라고 합니다.

굽은 선을 그어 봅시다

 점선을 따라 그어 봅시다.

굽은 선을 그어 봅시다

 점선을 따라 곡선을 그어 여러 가지 모양을 만들어 봅시다.

굽은 선을 그어 봅시다

 퍼레이드에서 다양한 곡선을 찾아 점선을 따라 그어 봅시다.

1단계

2. 9까지의 수

1, 2, 3을 알아봅시다

 1, 2, 3을 찾아 ○표 해 봅시다.

Ⅰ, 2, 3을 읽는 방법을 알아보고, 따라 써 봅시다.

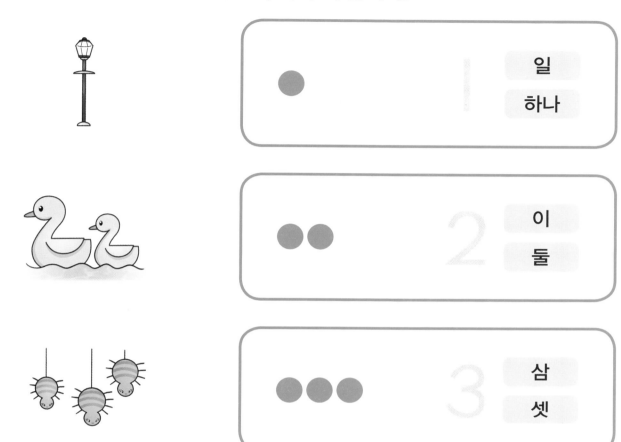

뒤에 '개', '마리'와 같은 말이 오면 '하나', '둘', '셋'이 아니라 '한', '두', '세'로 읽어요.

1 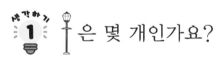 은 몇 개인가요?

2  은 몇 마리인가요?

3 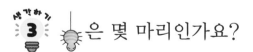 은 몇 마리인가요?

개념이 쏙쏙

● 는 수 Ⅰ로 쓰고 **일** 또는 **하나**라고 읽습니다.

●● 는 수 2로 쓰고 **이** 또는 **둘**이라고 읽습니다.

●●● 는 수 3으로 쓰고 **삼** 또는 **셋**이라고 읽습니다.

I, 2, 3을 알아봅시다

 I, 2, 3의 쓰는 순서를 알고, 수를 따라 써 봅시다.

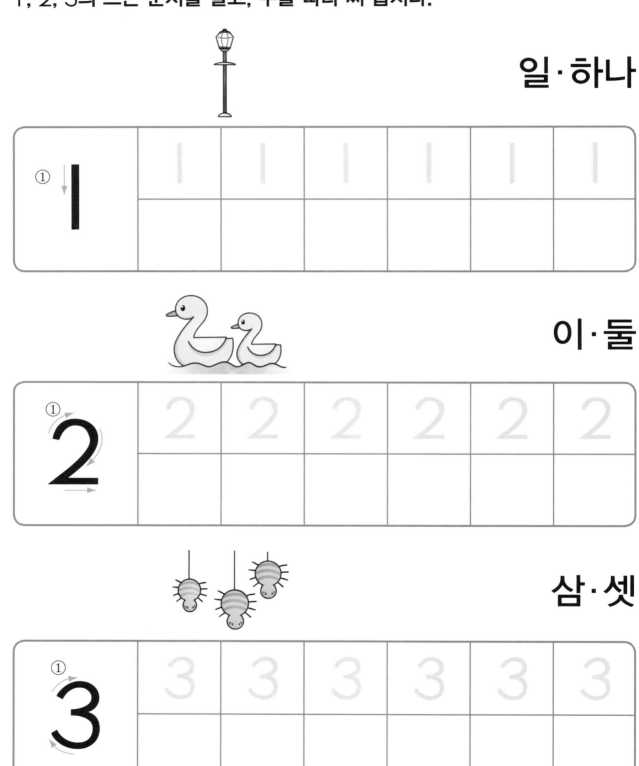

일·하나

이·둘

삼·셋

수만큼 색칠해 봅시다.

 수를 세고, 알맞은 수를 써 봅시다.

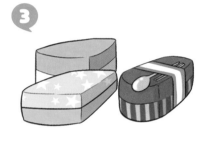

 수만큼 붙임딱지를 붙이고, 읽어 봅시다.

 붙임딱지 ① 활용

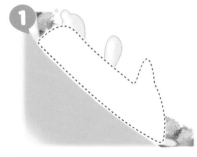

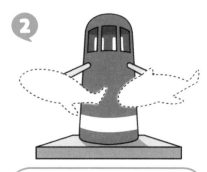

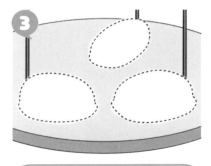

| 1 | 일
하나 | 2 | 이
둘 | 3 | 삼
셋 |

1, 2, 3을 알아봅시다

 수를 센 후, 빈칸에 알맞은 수를 써 봅시다.

1 ☁️ [ ] 개   **2** 🌭 [ ] 개

3 🍦 [ ] 개   **4** 🥤 [ ] 개

5 ⚽ [ ] 개   **6** 🐰 [ ] 개

 I, 2, 3을 찾아 색칠하면서 미로찾기를 해 봅시다.

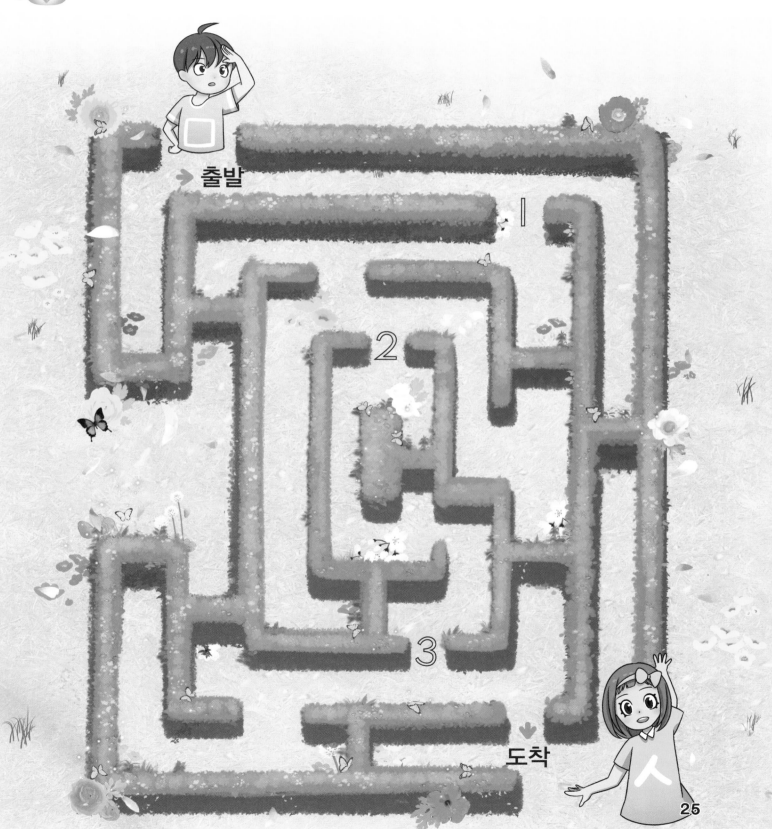

출발

I

2

3

도착

25

4, 5, 6을 알아봅시다

 4, 5, 6을 찾아 ○표 해 봅시다.

4, 5, 6을 읽는 방법을 알아보고, 따라 써 봅시다.

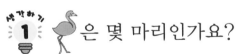 은 몇 마리인가요?

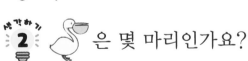 은 몇 마리인가요?

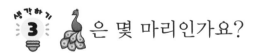 은 몇 마리인가요?

우리말에서 수를 읽는 방법은 두 가지예요. 사(四), 오(五), 육(六)은 한자식으로 읽는 것이에요.

개념이

⬤⬤⬤⬤는 수 4로 쓰고 **사** 또는 **넷**이라고 읽습니다.

⬤⬤⬤⬤⬤는 수 5로 쓰고 **오** 또는 **다섯**이라고 읽습니다.

⬤⬤⬤⬤⬤⬤는 수 6으로 쓰고 **육** 또는 **여섯**이라고 읽습니다.

4, 5, 6을 알아봅시다

 4, 5, 6의 쓰는 순서를 알고, 수를 따라 써 봅시다.

사 · 넷

①↘4↓②	4	4	4	4	4	4

오 · 다섯

①5→②	5	5	5	5	5	5

육 · 여섯

①6	6	6	6	6	6	6

수만큼 색칠해 봅시다.

 수를 세고, 알맞은 수를 써 봅시다.

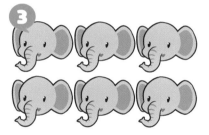

 수만큼 붙임딱지를 붙이고, 읽어 봅시다.

붙임딱지 ❶ 활용

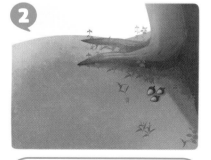

| 4 | 사 넷 | 5 | 오 다섯 | 6 | 육 여섯 |

4, 5, 6을 알아봅시다

 동물의 수를 세고, 빈칸에 알맞은 수를 써 봅시다.

4, 5, 6을 알아봅시다

 알맞은 것끼리 연결하고, 수를 읽어 봅시다.

7, 8, 9를 알아봅시다

 7, 8, 9를 찾아 ○표 해 봅시다.

7, 8, 9를 읽는 방법을 알아보고, 따라 써 봅시다.

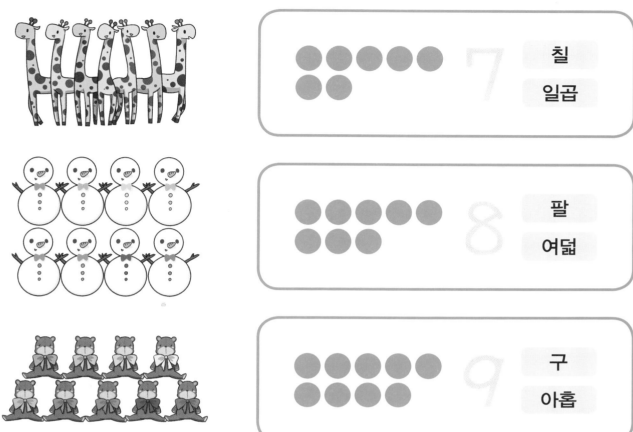

생각하기 **1** 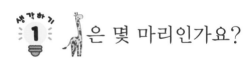은 몇 마리인가요?

생각하기 **2** 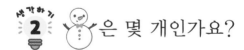은 몇 개인가요?

생각하기 **3** 은 몇 마리인가요?

개념이

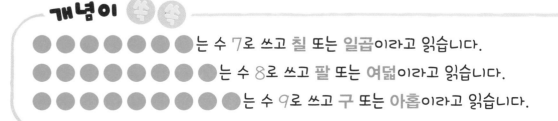

●●●●●●●는 수 7로 쓰고 **칠** 또는 **일곱**이라고 읽습니다.

●●●●●●●●는 수 8로 쓰고 **팔** 또는 **여덟**이라고 읽습니다.

●●●●●●●●●는 수 9로 쓰고 **구** 또는 **아홉**이라고 읽습니다.

 7, 8, 9의 쓰는 순서를 알고, 수를 따라 써 봅시다.

칠·일곱

①↓7②	7	7	7	7	7	7

팔·여덟

8①	8	8	8	8	8	8

구·아홉

①9	9	9	9	9	9	9

수만큼 색칠해 봅시다.

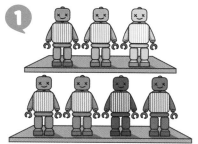

 수를 세고, 알맞은 수를 써 봅시다.

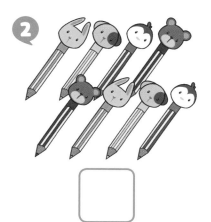

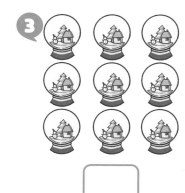

 수만큼 붙임딱지를 붙이고, 읽어 봅시다.

붙임딱지 ❶, ❷ 활용

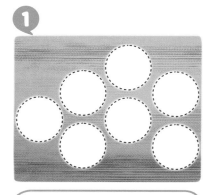

7	칠
	일곱

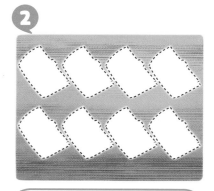

8	팔
	여덟

9	구
	아홉

7, 8, 9를 알아봅시다

 그림을 보고, 풍선이 몇 개씩 남아 있는지 수를 써 봅시다.

7, 8, 9를 알아봅시다

 알맞은 것끼리 연결하고, 수를 읽어 봅시다.

1부터 9까지의 수를 알아봅시다

 그림을 보고, 빈칸에 알맞은 수를 써 봅시다.

 몇 개인지 세어 보고, 알맞은 수를 써 봅시다.

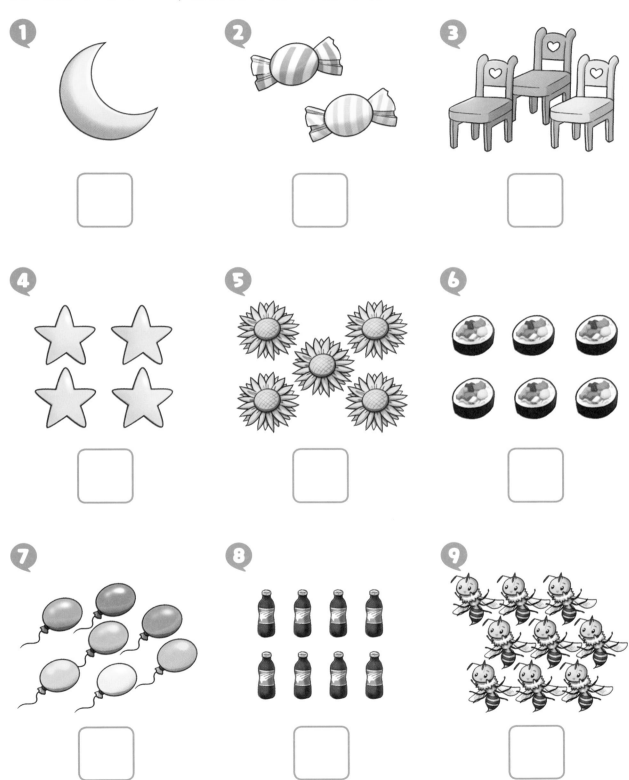

❶

❷

❸

❹

❺

❻

❼

❽

❾

 알맞은 수를 빈칸에 써 봅시다.

1 단추는 모두 몇 개일까요?

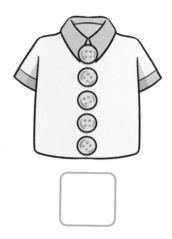

2 창문은 모두 몇 개일까요?

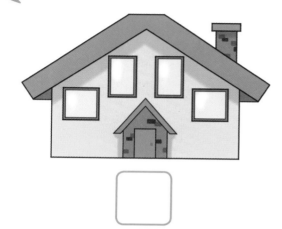

3 사진은 모두 몇 장일까요?

4 색연필은 모두 몇 자루일까요?

5 기차의 칸은 모두 몇 칸일까요?

1 부터 9 까지의 수를 알아봅시다

 구슬에 쓰인 수에 맞도록 알맞은 붙임딱지를 붙여 봅시다.

붙임딱지 ② 활용

 몇째일까요

 그림을 보고, 모도리가 놀란 이유를 알아봅시다.

4번째 손님까지 입장해주세요.

 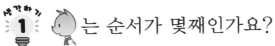 는 순서가 몇째인가요?

  는 순서가 몇째인가요?

  는 순서가 몇째인가요?

개념이

순서를 셀 때는 첫째, 둘째, 셋째, 넷째, 다섯째, 여섯째, 일곱째, 여덟째, 아홉째의 순서로 셀 수 있습니다.

첫째   둘째   셋째   넷째   다섯째   여섯째   일곱째   여덟째   아홉째

몇째일까요

 보기와 같이 주인공의 순서에 ○표 하고. 빈칸에 써 봅시다.

보기

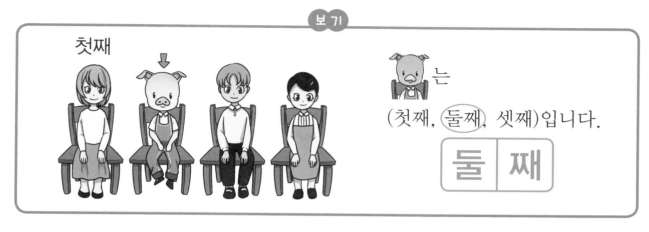

첫째

 는

(첫째, 둘째, 셋째)입니다.

둘	째

는

(둘째, 셋째, 넷째)입니다.

 는

(다섯째, 여섯째, 일곱째)입니다.

는

(일곱째, 여덟째, 아홉째)입니다.

몇째일까요

 그림을 보고, 달리기 순서에 맞게 친구의 목에 메달 붙임딱지를 붙여 봅시다.

붙임딱지 **2** 활용

44

몇째일까요

 순서가 몇째인지 읽으며 종이접기를 해 봅시다.

기다란 귀를 쫑긋!
귀여운 토끼

첫째

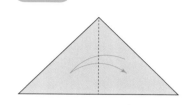

반을 접어요.

둘째

반을 접었다 펴요.

셋째

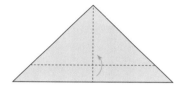

아랫부분을 위로
접어요.

넷째

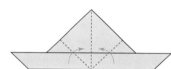

양쪽을 가운데에
맞춰 접어요.

다섯째

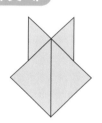

뒤집어요.

여섯째

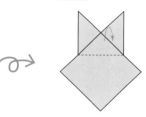

윗부분을 반으로
접어 사이에 끼워요.

일곱째

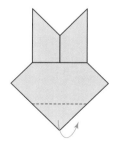

아랫부분을
밖으로 접어요.

여덟째

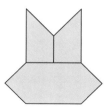

눈, 코, 입과
수염을 그려요.

아홉째

완성!

45

수의 순서를 알아봅시다

 그림을 보고, 또바기와 모도리가 당황한 이유를 알아봅시다.

징검다리에 순서에 맞게 붙임딱지를 붙여 봅시다. 붙임딱지 ❷ 활용

일·하나
이·둘
사·넷
오·다섯
칠·일곱
구·아홉

 개념이 쑥쑥

1부터 9까지 숫자를 1, 2, 3, 4, 5, 6, 7, 8, 9의 순서로 쓰고, 일, 이, 삼, 사, 오, 육, 칠, 팔, 구의 순서로 읽고, 하나, 둘, 셋, 넷, 다섯, 여섯, 일곱, 여덟, 아홉의 순서로 읽습니다.

수의 순서를 알아봅시다

 순서에 맞게 수를 선으로 이어 봅시다.

1

2

3

4

순서에 맞게 빈칸에 알맞은 수를 써 봅시다.

①

②

③

④

49

수의 순서를 알아봅시다

 그림을 보고, 빈 곳에 알맞은 수를 써 봅시다.

수의 순서를 알아봅시다

 9부터 1까지 반대 순서로 선을 이어 봅시다.

 솜사탕의 수를 세어 봅시다.

솜사탕의 수만큼 색칠하고, 빈칸에 알맞은 수를 써 봅시다.

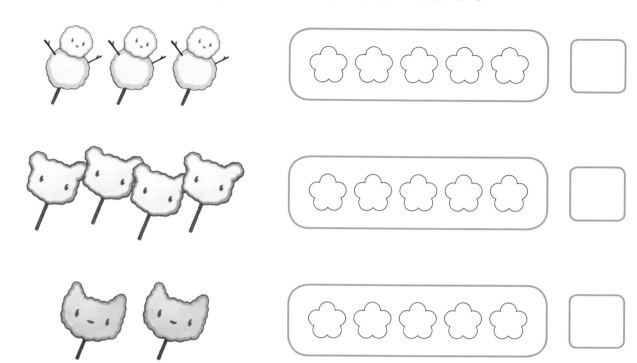

  은 모두 몇 개인가요?

이 나타내는 수보다 1만큼 더 큰 수를 나타내는
솜사탕은 무엇인가요?

이 나타내는 수보다 1만큼 더 작은 수를 나타내는
솜사탕은 무엇인가요?

개념이 쏙쏙

- 3보다 1만큼 더 큰 수는 4입니다.
- 3보다 1만큼 더 작은 수는 2입니다.

1만큼 더 작은 수   1만큼 더 큰 수

 보기와 같이 수를 세어 빈칸에 쓰고, 왼쪽 그림의 수보다 |만큼 더 큰 수를
나타내는 것에 ○표 해 봅시다.

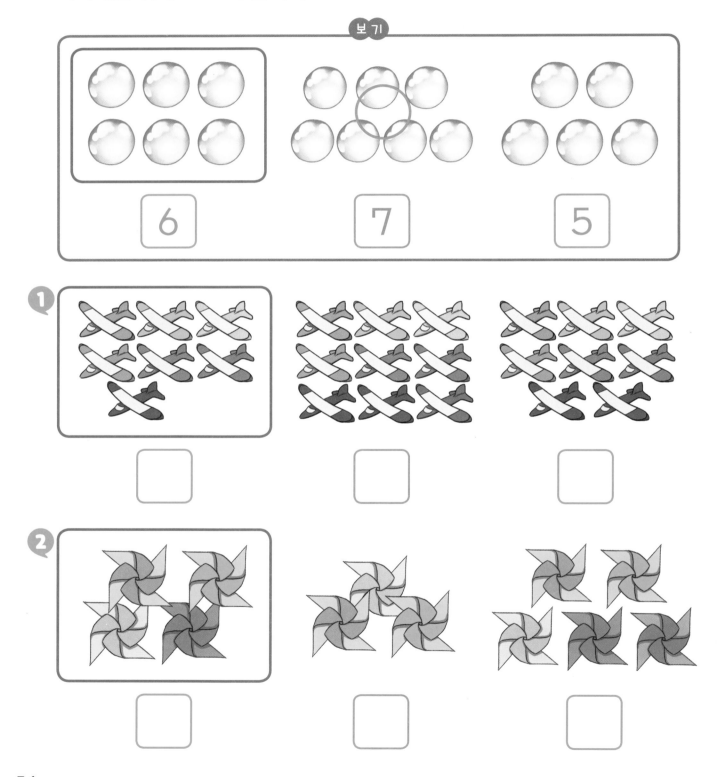

수를 세어 빈칸에 쓰고, 왼쪽 그림의 수보다 I만큼 더 작은 수를 나타내는 것에 ○표 해 봅시다.

1

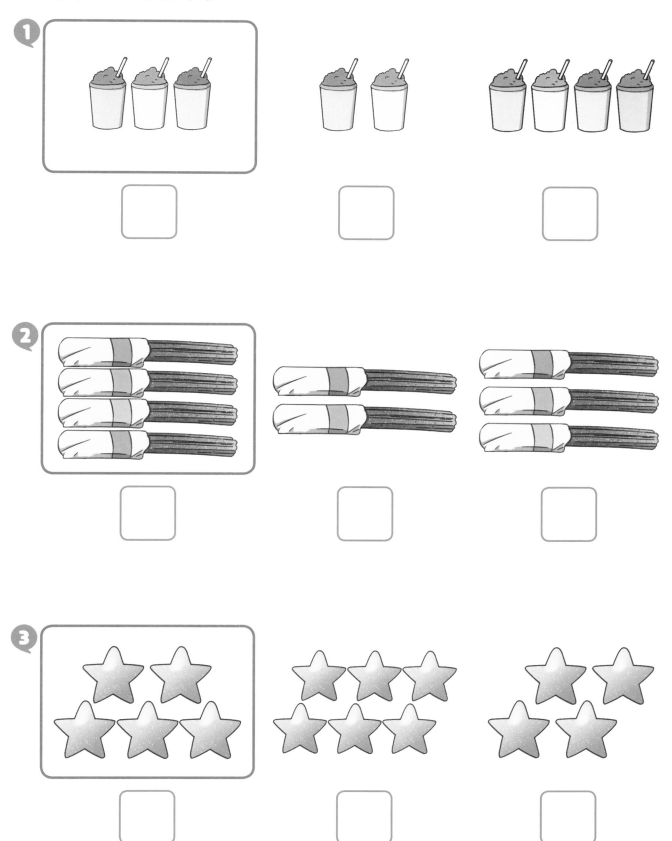

55

|만큼 더 큰 수, |만큼 더 작은 수를 알아봅시다

 |보다 |만큼 더 작은 수, 아무것도 없는 것을 ○이라 쓰고, 영이라고 읽습니다. 수를 세어 빈칸에 알맞은 수를 써 봅시다.

① 0	0	0	0			

1

2

56

1만큼 더 큰 수, 1만큼 더 작은 수를 알아봅시다

 바람개비가 나타내는 수보다 1만큼 더 작은 수를 따라가 친구들을 찾아봅시다.

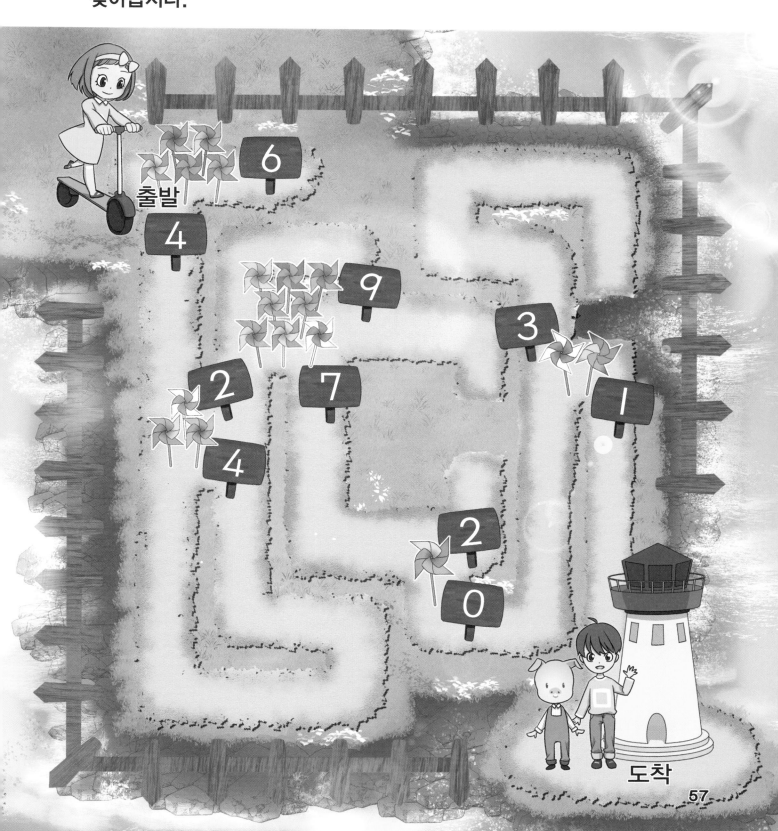

출발

도착

 알아볼까요?

두 수의 크기를 비교해 봅시다

 나비와 벌의 수를 세어 봅시다.

나비와 벌의 수만큼 색칠하고, 빈칸에 알맞은 수를 써 봅시다.

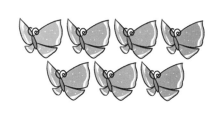 

 와 의
갯수와 수의 크기를
비교해 보세요.

1   는 몇 마리인가요?

2   은 몇 마리인가요?

3   와 중 어느 것이 더 많은가요?

개념이

■ 갯수 비교하기

 은   보다 **많습니다.**

 은 보다 **적습니다.**

■ 수의 크기 비교하기

• 7은 5보다 **큽니다.**

• 5는 7보다 **작습니다.**

59

두 수의 크기를 비교해 봅시다

 보기 와 같이 수를 세어 빈칸에 알맞은 수를 쓰고, 두 수를 비교하여 더 많은 그림에는 ○표, 더 적은 그림에는 △표 해 봅시다.

수를 세어 빈칸에 알맞은 수를 쓰고, 두 수를 비교하여 큰 수에는 ○표,
작은 수에는 △표 해 봅시다.

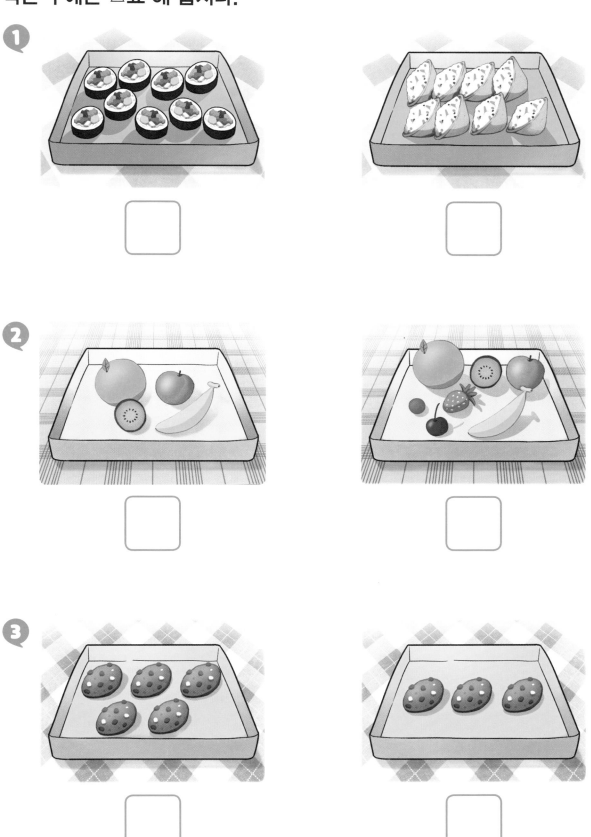

두 수의 크기를 비교해 봅시다

 수를 세어 빈칸에 알맞은 수를 쓰고, 두 수의 크기를 비교해 봅시다.

1 는 보다 (많습니다 , 적습니다).

2 5는 ☐ 보다 (큽니다 , 작습니다).

3 는 보다 (많습니다 , 적습니다).

4 ☐ 은 9보다 (큽니다 , 작습니다).

62

두 수의 크기를 비교해 봅시다

 꽃의 수가 더 많은 쪽을 따라가면서 친구들을 찾아봅시다.

상장

이름: _____

위 어린이는 또바기와 모도리의

야무진 수학 1단계를 훌륭하게 마쳤으므로

이 상장을 주어 칭찬합니다.

년   월   일

10쪽

11쪽

12쪽

13쪽

14쪽

굽은 선을 그어 봅시다

놀이기구를 탈 수 있도록 점선을 따라 그어 봅시다.

1 점선을 따라 그은 선은 어떤 모양인가요? 예 굽은 선, 곡선

2 점선을 따라 그은 선과 같은 모양을 주변에서 찾아보세요.

개념이
과 같이 굽은 선을 곡선이라고 합니다.

14

15쪽

굽은 선을 그어 봅시다

점선을 따라 그어 봅시다.

15

16쪽

굽은 선을 그어 봅시다

점선을 따라 곡선을 그어 여러 가지 모양을 만들어 봅시다.

16

17쪽

굽은 선을 그어 봅시다

퍼레이드에서 다양한 곡선을 찾아 점선을 따라 그어 봅시다.

17

20쪽

21쪽

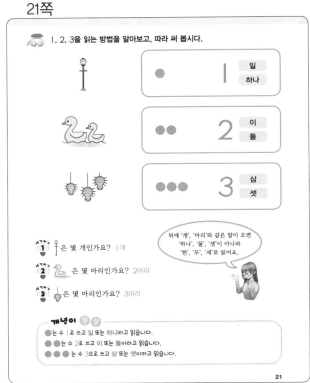

22쪽

23쪽

24쪽

26쪽

25쪽

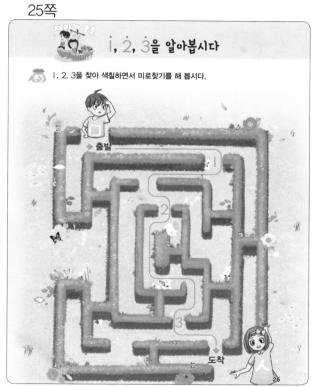

27쪽

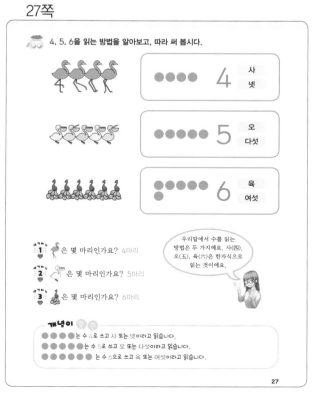

야무진 수학 1단계

28쪽

4, 5, 6을 알아봅시다

4, 5, 6의 쓰는 순서를 알고, 수를 따라 써 봅시다.

사·넷

4	4	4	4	4
4	4	4	4	4

오·다섯

5	5	5	5	5
5	5	5	5	5

육·여섯

6	6	6	6	6
6	6	6	6	6

28

29쪽

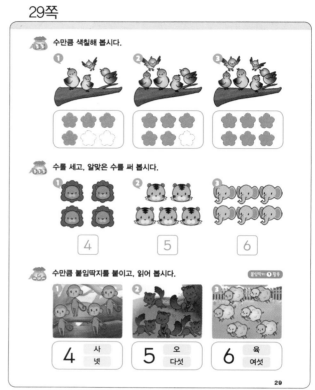

수만큼 색칠해 봅시다.

수를 세고, 알맞은 수를 써 봅시다.

4   5   6

수만큼 붙임딱지를 붙이고, 읽어 봅시다.

4 사·넷   5 오·다섯   6 육·여섯

29

30쪽

4, 5, 6을 알아봅시다

동물의 수를 세고, 빈칸에 알맞은 수를 써 봅시다.

30

31쪽

4, 5, 6을 알아봅시다

알맞은 것끼리 연결하고, 수를 읽어 봅시다.

31

70

32쪽

7, 8, 9를 알아봅시다

7, 8, 9를 찾아 ○표 해 봅시다.

32

33쪽

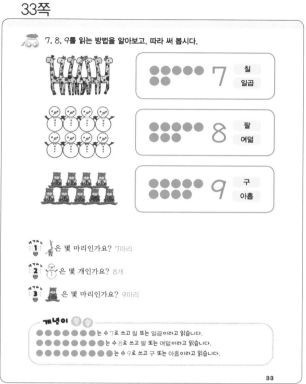

7, 8, 9를 읽는 방법을 알아보고, 따라 써 봅시다.

●●●●● ●●	7	칠 일곱
●●●●● ●●●	8	팔 여덟
●●●●● ●●●●	9	구 아홉

1. 은 몇 마리인가요? 7마리

2. 은 몇 개인가요? 8개

3. 은 몇 마리인가요? 9마리

개념이 ●●●
- ●●●●●●● 는 수 7로 쓰고 칠 또는 일곱이라고 읽습니다.
- ●●●●●●●● 는 수 8로 쓰고 팔 또는 여덟이라고 읽습니다.
- ●●●●●●●●● 는 수 9로 쓰고 구 또는 아홉이라고 읽습니다.

33

34쪽

7, 8, 9를 알아봅시다

7, 8, 9의 쓰는 순서를 알고, 수를 따라 써 봅시다.

칠 · 일곱

7	7	7	7	7	7
7	7	7	7	7	7

팔 · 여덟

8	8	8	8	8	8
8	8	8	8	8	8

구 · 아홉

9	9	9	9	9	9
9	9	9	9	9	9

34

35쪽

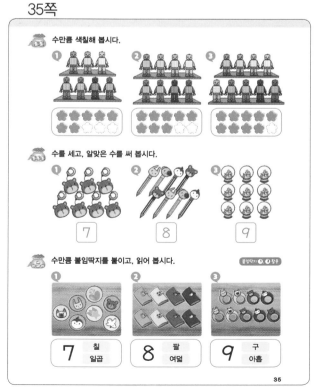

수만큼 색칠해 봅시다.

① ② ③

수를 세고, 알맞은 수를 써 봅시다.

① 7 ② 8 ③ 9

수만큼 붙임딱지를 붙이고, 읽어 봅시다.

① 7 칠 일곱
② 8 팔 여덟
③ 9 구 아홉

35

71

36쪽

37쪽

38쪽

1 부터 9까지의 수를 알아봅시다

그림을 보고, 빈칸에 알맞은 수를 써 봅시다.

39쪽

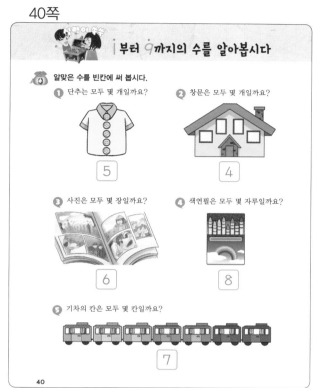

40쪽

1부터 9까지의 수를 알아봅시다

알맞은 수를 빈칸에 써 봅시다.

① 단추는 모두 몇 개일까요?

5

② 창문은 모두 몇 개일까요?

4

③ 사진은 모두 몇 장일까요?

6

④ 색연필은 모두 몇 자루일까요?

8

⑤ 기차의 칸은 모두 몇 칸일까요?

7

40

41쪽

1부터 9까지의 수를 알아봅시다

구슬에 쓰인 수에 맞도록 알맞은 붙임딱지를 붙여 봅시다. 붙임딱지 ② 참조

둘 하나
셋 아홉
넷 여덟
다섯 여섯 일곱

42쪽

몇째일까요

그림을 보고, 모도리가 놀란 이유를 알아봅시다.

4번째 손님까지 입장해주세요.

① 🐷 는 순서가 몇째인가요? 셋째

② 🐷 는 순서가 몇째인가요? 넷째

③ 🐷 는 순서가 몇째인가요? 다섯째

개념이

순서를 셀 때는 첫째, 둘째, 셋째, 넷째, 다섯째, 여섯째, 일곱째, 여덟째, 아홉째와 순서로 셀 수 있습니다.

첫째 둘째 셋째 넷째 다섯째 여섯째 일곱째 여덟째 아홉째

42

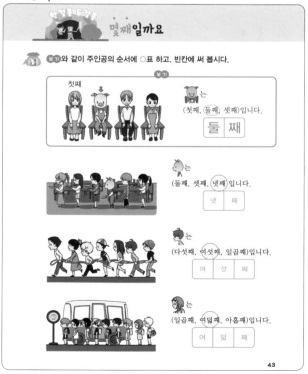

43쪽

몇째일까요

보기 와 같이 주인공의 순서에 ○표 하고, 빈칸에 써 봅시다.

보기

첫째

🐷 는 (첫째, 둘째, 셋째)입니다.

둘 째

🐷 는 (둘째, 셋째, 넷째)입니다.

넷 째

🐷 는 (다섯째, 여섯째, 일곱째)입니다.

여 섯 째

🐷 는 (일곱째, 여덟째, 아홉째)입니다.

여 덟 째

43

야무진 수학 1단계

44쪽

45쪽

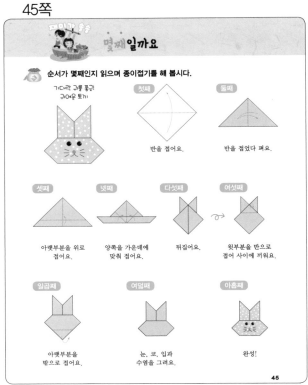

46쪽

47쪽

74

48쪽

49쪽

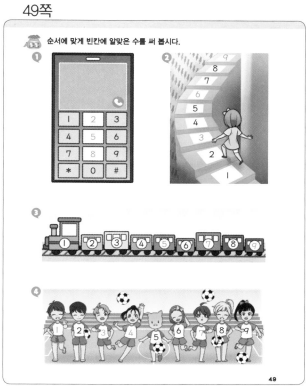

50쪽

51쪽

52쪽

53쪽

54쪽

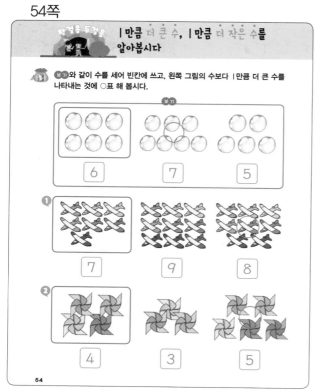

55쪽

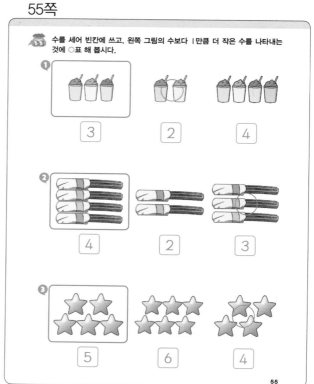

| 만큼 더 큰 수, | 만큼 더 작은 수를 알아봅시다

| 보다 | 만큼 더 작은 수, 아무것도 없는 것을 ○이라 쓰고, 영이라고 읽습니다. 수를 세어 빈칸에 알맞은 수를 써 봅시다.

①0	0	0	0	0	0	0
0	0	0	0	0	0	

❶

2 1 0

❷

2 1 0

56

| 만큼 더 큰 수, | 만큼 더 작은 수를 알아봅시다

바람개비가 나타내는 수보다 | 만큼 더 작은 수를 따라가 친구들을 찾아봅시다.

57

두 수의 크기를 비교해 봅시다

나비와 벌의 수를 세어 봅시다.

58

나비와 벌의 수만큼 색칠하고, 빈칸에 알맞은 수를 써 봅시다.

7

5

와 의 갯수와 수의 크기를 비교해 보세요.

1 는 몇 마리인가요? 7마리

2 은 몇 마리인가요? 5마리

3 와 중 어느 것이 더 많은가요?

개념이

■ 갯수 비교하기

은 보다 많습니다.

은 보다 적습니다.

■ 수의 크기 비교하기

• 7은 5보다 큽니다.

• 5는 7보다 작습니다.

59

77

야무진 수학 1단계

60쪽

보기와 같이 수를 세어 빈칸에 알맞은 수를 쓰고, 두 수를 비교하여 더 많은 그림에는 ○표, 더 적은 그림에는 △표 해 봅시다.

보기

🌸 [6]   🌹 [8]

① [5]   [4]

② ✈ [3]   🐞 [6]

60

61쪽

수를 세어 빈칸에 알맞은 수를 쓰고, 두 수를 비교하여 큰 수에는 ○표, 작은 수에는 △표 해 봅시다.

① [9]   [8]

② [4]   [7]

③ [5]   [3]

61

62쪽

수를 세어 빈칸에 알맞은 수를 쓰고, 두 수의 크기를 비교해 봅시다.

🐿 [5]
✈ [4]

① 🐿는 ✈보다 (많습니다 , 적습니다).

② 5는 [4] 보다 (큽니다 , 작습니다).

🐰 [6]
🐹 [9]

③ 🐰는 🐹보다 (많습니다 , 적습니다).

④ [6] 은 9보다 (큽니다 , 작습니다).

62

63쪽

두 수의 크기를 비교해 봅시다

꽃의 수가 더 많은 쪽을 따라가면서 친구들을 찾아봅시다.

63

23쪽

29쪽

35쪽

35쪽

41쪽

 하나

 둘

 셋

 넷

 다섯

 여섯

 일곱

 여덟

 아홉

44쪽

47쪽

삼·셋   육·여섯   팔·여덟